河南省科学技术协会科普出版资助·科普中原书系

黄河千年气象文化印记

HUANGHE QIANNIAN
QIXIANG WENHUA YINJI

《黄河千年气象文化印记》编写委员会 编

黄河水利出版社
·郑州·

图书在版编目（CIP）数据

黄河千年气象文化印记 /《黄河千年气象文化印记》编写委员会编. -- 郑州 ：黄河水利出版社，2025. 1.
ISBN 978-7-5509-4136-6

Ⅰ.P4-092

中国国家版本馆 CIP 数据核字第 2025KS0209 号

策划编辑：张　倩　　手机：13837183135　　E-mail：995858488@qq.com

出 版 社　黄河水利出版社
地址：河南省郑州市顺河路 49 号　邮编：450003
网址：www.yrcp.com　E-mail：hhslcbs@126.com
发行部电话：0371-66020550

承印单位　河南匠心印刷有限公司
开　　本　787 mm × 1 092 mm　1/16
印　　张　5.25
字　　数　100 千字
版次印次　2025 年 1 月第 1 版　　2025 年 1 月第 1 次印刷

定价：49.00元

编写委员会

主　　编：陈　辉

副 主 编：严　雪　赵斐苗　孔德杰

编　　委：苏菡玲　卜京楠　曹淑超

郭贝宁　宁雪斌

责任编辑：曹淑超

前言

黄河发源于青藏高原巴颜喀拉山北麓，呈“几”字形，流经青海、四川、甘肃、宁夏、内蒙古、山西、陕西、河南、山东9省（区），全长5464公里，是我国第二长河。黄河是中华民族的母亲河，是中华民族和中华文明赖以生存发展的宝贵资源，是中华民族坚定文化自信的重要根基。

千百年来，黄河沿岸，大河风光波澜壮阔；黄河流域内，大河文明灿若星河；九曲黄河，曲曲都有气象印记。最早具有文字记录的“天气预报”，始于殷商时期的甲骨文；中国封建社会最早的“气象机构”始于秦朝；最早有记录的测风仪“相风铜乌”发明于汉朝时的长安；迄今发现的中国最早遗存的古观象台遗址、被国际气象界誉为“中国第五大发明”的二十四节气，起源于黄河中下游流域；“日晕三更雨，月晕午时风”等许多气象农谚都是出自黄河流域，先民们对星象、物候、季节的观测记录和规律总结大大推动了农耕文明在华夏大地的蓬勃发展。

黄河流域多样的气候资源、生动的气象实践，造就了历史悠久、丰富多彩的气象文化瑰宝。从“天人合一”“取之有度”“道法自然”的古老智慧到“人与自然和谐共生的现代化”，源远流长的黄河气象文化孕育而生。黄河气象文化，是指黄河流域各个历史阶段政治、经济和人文等方面在气候变迁和气象科学历史发展过程中的独特反映。从广义上讲，黄河气象文化是居住在黄河流域的人民在气象科学技术及其相关实践活动中创造的全部物质、精神和制度文明活动的总和；从狭义上讲，黄河气象文化则是居住在黄河流域的人民在其特定气候条件下所形成的相关精神认同、价值取向、基本理论及行为方式的综合反映，主要包括精神、理念、科学观、价值观、制度等气象文化现象。

河南省高度重视黄河文化的研究、发掘、保护、传承和发展。近年来，河南省气象局气象科普团队围绕黄河流域生态保护和高质量发展国家战略，从气象角度积极探索保护、传承、弘扬黄河文化的思路和举措，通过探索研究、深度挖掘、梳理整理等多种方式，形成黄河气象文化主题文物史料知识图谱。《黄河千年气象文化印记》一书，上溯上古、先秦、秦汉，下及明清、近代、现当代，将黄河岸边关于气象文化的遗址、遗迹及文字记载等整理串联，第一次明确提出了黄河流域气象文化的概念，第一次系统梳理了黄河流域气象遗址遗迹及重要气候事件，第一次全面勾勒了黄河流域气象发展演变时间线，充分展现了黄河流域气象历史文化的演变历程，将在保护黄河文化遗产、传承黄河文化基因、赓续黄河文化精神等方面起到积极推动作用。

让我们走进千年奔腾不息的母亲河，沿着黄河气象文化时间线，行走黄河流域，品读黄河气象故事，细细体会黄河气象文化的厚重与精彩，共同努力把黄河打造成造福人民的幸福河。

编　者

二〇二五年一月

导语

俯仰百年宇宙，移换几番陵谷。

你有没有想过，历史长河中有过多少沧海桑田冷暖变迁的转换，我们的祖先是如何去面对这浩渺的自然，应对从天而降的自然灾难，怎样开始瞬息风云的探索？

黄河流域气象文化源远流长，承载着丰富的历史积淀和独特的地域气候特点。在这里，散落着灿若繁星的气象文化印迹：河南省安阳市出土的殷商时期的甲骨文上有最早的“天气预报”文字记录，始建于秦朝的中国封建社会最早的“气象机构”，世界上最早的测风仪器相风乌，现存最早的古观象台遗址，还有被誉为“中国第五大发明”的二十四节气……也正是起源于黄河中下游地区。一本本典籍，一处处遗址，记录着华夏先民发现四时交替、辨明雨雪晴霭、见证朝晖夕阴，掌握天气、气候变化规律的漫长过程，以及其积极应对各种气候挑战的智慧。绵延不绝的黄河气象文化故事，为我们留下了黄河千年气象文化的印记。让我们沿着历史留下的时间线索去一一打开，愿我们的目光在时空隧道的某一刻相遇……

《黄河千年气象文化印记》
导读视频二维码

目录

上古气象文化

SHANGGU QIXIANG WENHUA

（新石器时代至夏朝前）

01

公元前8000年，人类先后进入新石器时代。河南省漯河市舞阳县贾湖遗址出土的龟甲残片上出现了“日”字符号。

在甲骨文出现以前，汉字经历了一段漫长的发展过程。贾湖遗址位于河南省漯河市舞阳县北舞渡镇西南的贾湖村，距今9000—7500年，是一处新石器时代前期的重要文化遗址，出土了大量的陶器、石器、骨器等文物。在龟甲残片上发现的17例契刻符号中，个别符号形体与安阳殷墟出土的商代甲骨文字形相似，这些符号被认为是中国最早的文字雏形。从其形状看，具有多笔组成的结构，应承载了契刻者的一定意图。如近似甲骨文的“日”字，这些符号可能表示远古先民已经观察到太阳升起和在云中出没的现象等，也反映了他们对自然界的认知和探索，人类逐渐从采集转向农耕。

河南省漯河市舞阳县贾湖遗址——刻符龟甲出现了“日”字符号
刻符龟甲为国家一级文物

02 距今6500多年前，河南省濮阳市濮阳县西水坡遗址出土的古墓中惊现龙虎天象图。

1987年，河南省濮阳市濮阳县发掘出一处仰韶文化聚落遗址，其中在一座距今6500多年前（约公元前4500年，即公元前45世纪）的墓室中，男性墓主骨架头南脚北，东西两侧有用蚌壳精心摆出的龙虎图案，龙在东，虎在西。并且在墓主人脚下，还有蚌塑三角与两根腿骨合摆的图像，对应了天上的北斗。中国古代天文学最核心的内容，就是以东宫苍龙、西宫白虎为代表的“四象”。考古学家认为，这说明我国6500多年前的古人便已经认识天空中的苍龙星象了，这幅图是中国乃至世界目前发现的最早的天文星象图。龙虎图案的摆向说明当时已有东、西方向之分，北斗在昭示四季和季节变迁方面有着重要的作用，可以推测，当时人们已经能够观象授时。

河南省濮阳西水坡遗址

河南省濮阳西水坡遗址古墓中的龙虎天象图（现存于中国国家博物馆）

先秦气象文化

XIANQIN QIXIANG WENHUA

（夏、商、周、春秋战国）

03 公元前 21 世纪，中国现存最早的古观象台遗址位于黄河中下游。

根据现有考古发现与文献记载，河南省商丘市阏伯台、山西省临汾市襄汾县陶寺古观象台和河南登封观星台均为中国古代天文观测的重要遗址，但其历史年代、功能及文化影响各有不同。

位于河南省商丘市睢阳区商丘古城西南，有座古老的观星台名叫阏伯台，当地群众也称火星台、火神台。1994 年 5 月，全国著名的天文、文物考古专家 30 余位相聚阏伯台，通过研讨认证：“帝尧时阏伯在商丘阏伯台观星授时，根据火星运行规律，分清

河南省商丘市阏伯古观星台（王庆亮　提供）

春夏秋冬四季，指导当时农时。阏伯台是全国现存最古老的观星台遗址，距今已有4200余年。”作为火神阏伯的观象台，观测“大火星”，以星辰运行规律纪时、分季节、定农时，兼具火种管理与祭祀功能。衍生出火神崇拜与延续4000多年的火神台庙会，奠定了商丘作为商文化发源地的地位，其“火神”信仰与庙会成为中原民俗文化的重要载体。

位于山西省临汾市襄汾县东坡沟村的陶寺古观象台是陶寺文化遗址的重要组成部分，被国家文物部门定为国家级重大考古发现，它使《尚书·尧典》上“历象日月星辰，敬授人时”这一古老记载有据可考，把传说变成了现实，将我国观象授时的考古证据上推到4100年前，是迄今发现的中国较早遗存的古观象台遗址之一，它的建成时间比著名的英国巨石阵观象台还要早500多年。

山西省临汾市襄汾县陶寺古观象台（山西省气象学会　提供）

陶寺古观象台，由 13 根夯土柱组成，呈半圆形，半径 10.5 米，弧长 19.5 米。古人依据日光影推测季节及相关节气，安排农耕。考古队在原址复制模型进行模拟实测，从第 2 个狭缝看到日出为冬至日，第 12 个狭缝看到日出为夏至日，第 7 个狭缝看到日出为春分、秋分。考古队进行了两年的实地模拟观测，共观测了 77 次，从冬至、大寒、春分、夏至、秋分又到冬至，初步了解了陶寺文化时期从冬至到夏至再到冬至一个回归年共有 20 个节令的历法规律。从观测点通过土柱狭缝观测正东方向的塔尔山日出方位，确定季节、节气，进行祭天仪式、安排农耕。襄汾县陶寺人制定的历法，首次将天文观测系统化，直接影响了后世二十四节气的形成，被视为中国农耕历法的源头。

位于河南省登封市东南告成镇的登封观星台建于元至元十三年（1276 年），距今 750 年，是中国现存古老的天文台建筑之一。登封观星台由郭守敬主持修建，结合了唐代周公测景台的观测传统。通过高台与石圭（量天尺）测量日影长度，修订历法，标志着中国古代天文观测从经验向科学计算的转变，被列为世界文化遗产“天地之中”的核心组成部分。

三个观象台共同体现了中国古代天文学从原始观测到科学计算的演进，以及天文历法对社会治理、农业与文化的深刻影响。

04 公元前14世纪晚期至公元前11世纪中期，最早的“天气预报”始于殷商时期的一片甲骨。

公元前14世纪晚期至公元前11世纪中期，最早的“天气预报”文字记录始于安阳殷商时期的甲骨文。甲骨文是商代后期用于占卜祈祷的文字，甲骨出土于河南安阳殷墟遗址，是距今3000多年的汉字的早期形式。

在商代，人们已经开始从事农业生产，靠天吃饭的需求让天气预报成为刚需。不过，当时没有气象科学，人们仅靠抬头看天与占卜来观察和预测天气。在甲骨文里常常能看到关于雨的占卜记录，占卜结论就像一则天气预报，包含会不会下雨、下雨的时间等信息。其中一片商人预测天气的甲骨，原文是这样的：

自旦至食日，不雨。

食日至中日，不雨。

中日至昃，不雨。

弜（jiang）田，其遘(gou)，大雨。

这片甲骨记录了商王在田猎前的一次卜问，根据史学家对甲骨文释义的研究，上面三句为卜辞，即问题，下面一句为验辞，即答案。这句话的意思为，黎明到早餐时间不下雨吧？早餐时间到正午不下雨吧？正午到下午两点不下雨吧？结论为：不要去田猎了，会遇到大雨。虽然占卜的准确性已无从考证，但天气对商人的重要性已非常的明显。

在水利技术还不发达的时代，雨水之于农业生产的意义不言而喻。但是雨水并不总是充沛的，于是人们便向天求雨。甲骨文里有为数不少的献祭求雨记录。《吕氏春秋》记载了这样的一个故事：

昔者汤克夏而正天下，天大旱，五年不收，汤乃以身祷于桑林，曰："余一人有罪，无及万夫。万夫有罪，在余一人。无以一人之不敏，使上帝鬼神伤民之命。"于是剪其发，磨其手，以身为牺牲，用祈福于上帝，民乃甚说，雨乃大至。

故事的大意是：商刚刚立国的时候，天下大旱，于是心怀苍生的君主成汤想把自己作为牺牲向上天献祭求雨，于是天上就下起了倾盆大雨。

尽管雨能够给人们带来丰收的喜悦，但人们也并不总是希望遇到雨天。在甲骨文里，不合时宜地下雨被称为"雨不正辰"。《诗经》中有一首题为《雨无正》的诗，以不合时宜的雨来讽喻政令不当。

雨是大气循环的产物，来自地球表面的水蒸气冷凝成云，云中的水滴聚集到空气无法承载的程度时，就会落下来成为雨。对于云与雨的密切关系，商人就已经有所认识，这在当时的占卜记录中可以窥见一斑。比如有这样的一条记录：

兹云，其雨？

意思是：天上已经乌云密布了，是不是会下雨呢？

带有占卜铭文的龟纹石，出自商代，可追溯到商汤王统治时期

05 公元前8世纪，《易经》《山海经》《尚书》《尔雅》《诗经》等古代文献中都记载有大量物候知识和气象信息。

公元前8世纪，中国古代文献中都记载有大量物候知识和气象信息，反映了先民们对自然界的观察、认识和利用。

《易经》中的六十四卦是根据阴阳变化而演化出的，其中有些卦名和卦辞与气象有关，如乾卦、坤卦、震卦、巽卦、坎卦、离卦等，分别代表天、地、雷、风、水、火等自然元素。《山海经》中记载了“南方之极”有“日中之国”“无日无夜”等。《尚书》中记载了周公制定的二十四节气，并将其分为春夏秋冬四季。《尔雅》中解释了“天”的含义，“天者，高广大明者也”，并列举了各种天象，解释了一些大气现象，如“雾”“霾”“露”“霜”“雹”“霰”等。《诗经》中反映了先民对自然界的观察和感受，如“夏日至，蘩菲菲”“月晕而风，础润而雨”“北风其凉，雨雪其雱……北风其喈，雨雪其霏”等，都体现了古人对天气现象的初级探索和思考。

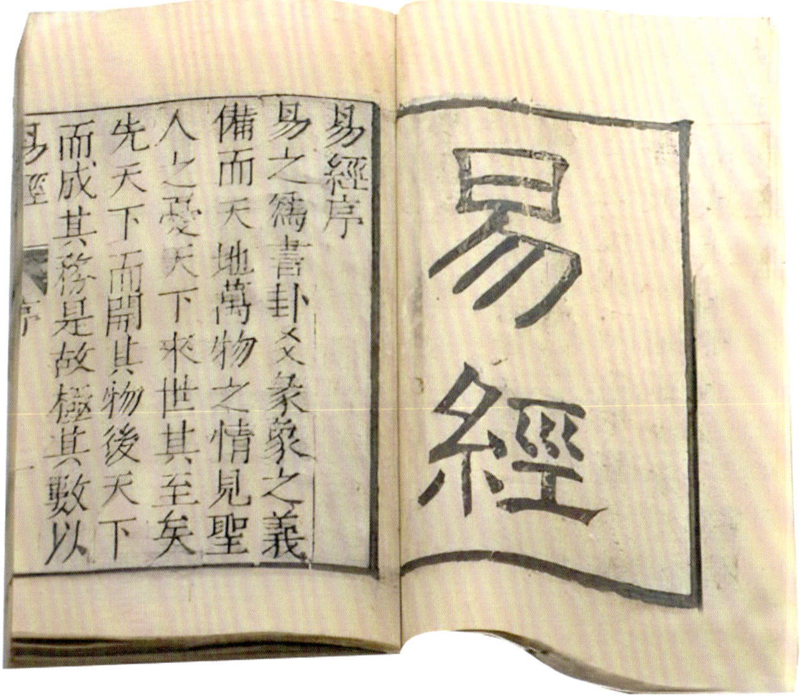

《易经》等古代文献中记载有大量物候知识和气象信息

06

公元前3世纪，战国时期的《吕氏春秋》提出云的形状分类，是世界上最早关于云的分类法。记录的“冰瓶”被视为现代温度计的雏形。

公元前3世纪，战国末期《吕氏春秋》提出了云的形状分类，是世界上最早关于云的分类法。《吕氏春秋·应同》中写道：“山云草莽（积云和积雨云）、水云鱼鳞（卷积云）、旱云烟火（卷云）、雨云水波（层云和层积云）”。虽然简单粗略，但是已经体现了古人对自然界的观察和思考，为后来更加细致和科学的云图和云类的编制奠定了基础。

先秦时期观察“瓶中之冰”来预测未来气温趋势。《吕氏春秋》中“见瓶水之冰，而知天下之寒”。即瓶子中装上水，如果水结冰了，气温即低于零下，进入寒冬了；如果冰融化，则气温回升。这种瓶子称“冰瓶”，也叫“水瓶”，可谓是中国最原始的一种温度计，被视为现代温度计的雏形。

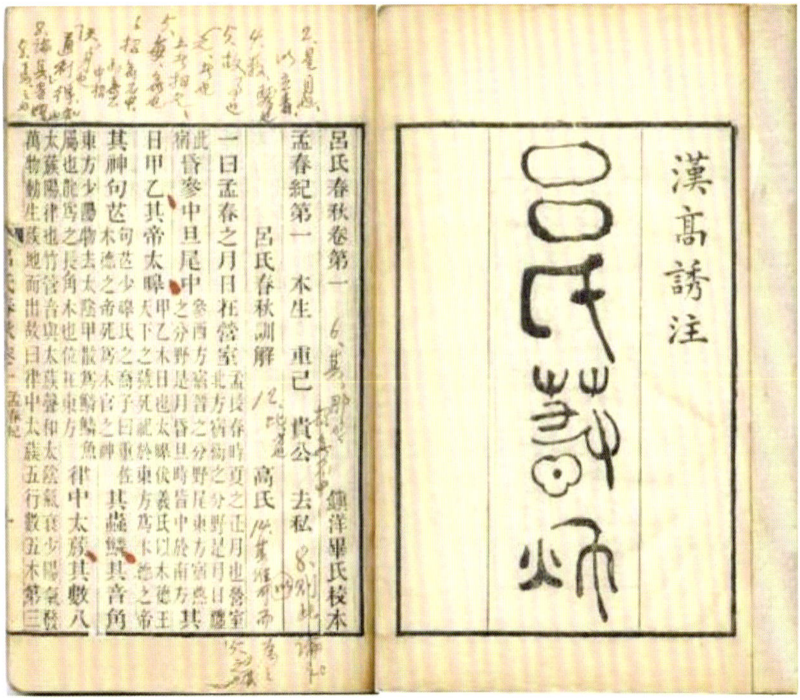

《吕氏春秋》提出了云的形状分类

秦汉至明清气象文化

QINHAN ZHI MINGQING QIXIANG WENHUA

07 公元前3世纪晚期，秦朝实行“报雨泽”制度，被认为是我国古代最早系统化的雨泽上报机制。

历史上“报雨泽”制度的系统确立可追溯至秦朝，“报雨泽”制度要求各地州、县定期向中央朝廷报告当地的雨水和农业情况。据云梦竹简记载，秦有《秦律十八种》，其中一条法律为有关土地耕作和农业生产的《田律》，对雨泽上奏制度做了详尽的说明，要求各地及时汇报雨雪情况，对波及范围和影响程度也要详细记录。当时虽无标准化量雨工具，但通过“入土深度”“积雪厚度”等描述间接记录雨量。这类上报通过文书（如简牍）逐级传递至中央，成为国家赋税征收和赈灾的重要依据。郡县官吏直接负责观测与记录，如“田啬夫”（地方农官）需协同“里正”（基层官吏）统计农田受灾情况。中央通过“御史”等职官审核地方上报的真实性，虚报或瞒报者依《效律》惩处。《田律》还记载了2—7月不准捕鸟，不准抓野兽，不准砍树。说明秦朝在几千年前就有人与自然和谐相处的环保意识。

“报雨泽”制度由地方官吏执行，中央通过律法规范，其核心目的是保障农业经济与防灾减灾，体现了古代国家对气象与农业关系的深刻认知。雨泽上奏制度开启了气象学科降水记录的先河，其在后来历代政权中也得到了沿袭和发展，成为中国古代气象学和自然科学的重要组成部分。

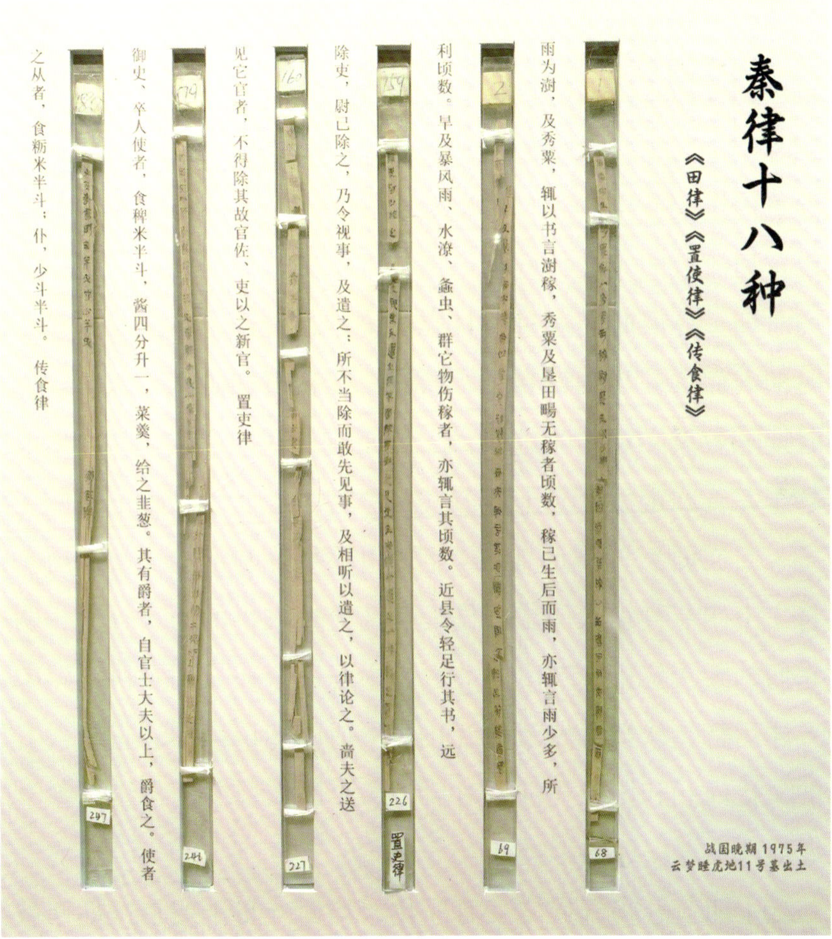

秦朝实行报雨泽制度——《秦律十八种》

08

公元前 2 世纪西汉时期，二十四节气基本完备成熟，并在思想、天文历法，以及气候和农业时令方面产生了广泛的影响。

二十四节气是中国农耕文明的宝贵遗产。古人将太阳周年运动轨迹划分为二十四等份，每一份为一个节气。这是中国人认知一年时令、气候、物候等变化规律所形成的知识体系和社会实践，指导着传统农业生产和日常生活。二十四节气起源于黄河流域，它以黄河流域的天文物候为依据。二十四节气的产生，可以溯至夏商时期。夏商时期通过对日影的测定，发现了冬至、夏至，西周时期人们进一步测得春分、秋分，春秋时期确立“八节”，战国时期随着天文观测的进步，二十四节气基本形成，并在秦汉时期趋于完善和定型。二十四节气名称首见于西汉文献记载的《淮南子·天文训》。公元前 104 年，由邓平等制定的《太初历》正式将二十四节气纳入历法，作为黄河流域农事的历法补充，明确了它们的天文位置。二十四节气是中华民族在长期农耕实践中观察天体运行、认知自然节律变化所形成的知识体系。它蕴含着悠久的文化内涵和历史积淀，对后世历书制作及中国传统气象学的发展都产生了深远的影响。

二十四节气将气候之变有序化，均衡分布于四季，如寒暑的顺序是小暑、大暑、处暑（处暑，处是终止，暑天将尽）、小寒、大寒。春夏之交，农事最为繁忙，依序为雨水、谷雨、小满、芒种。

雨水，东风解冻，散而为雨水。谷雨，雨量充足，雨生百谷。小满，夏熟作物，籽粒开始饱满。芒种，标志着有芒的谷类作物可以种植的季节等，这些都可作为指导民间生活和农耕的法则。二十四节气指导中国社会生活数千年，至今犹在发挥作用，彰显出中华文明的独特性与强大生命力。在国际气象界，二十四节气被誉为“中国第五大发明”。2016 年 11 月 30 日，二十四节气被正式列入联合国教科文组织人类非物质文化遗产代表作名录。

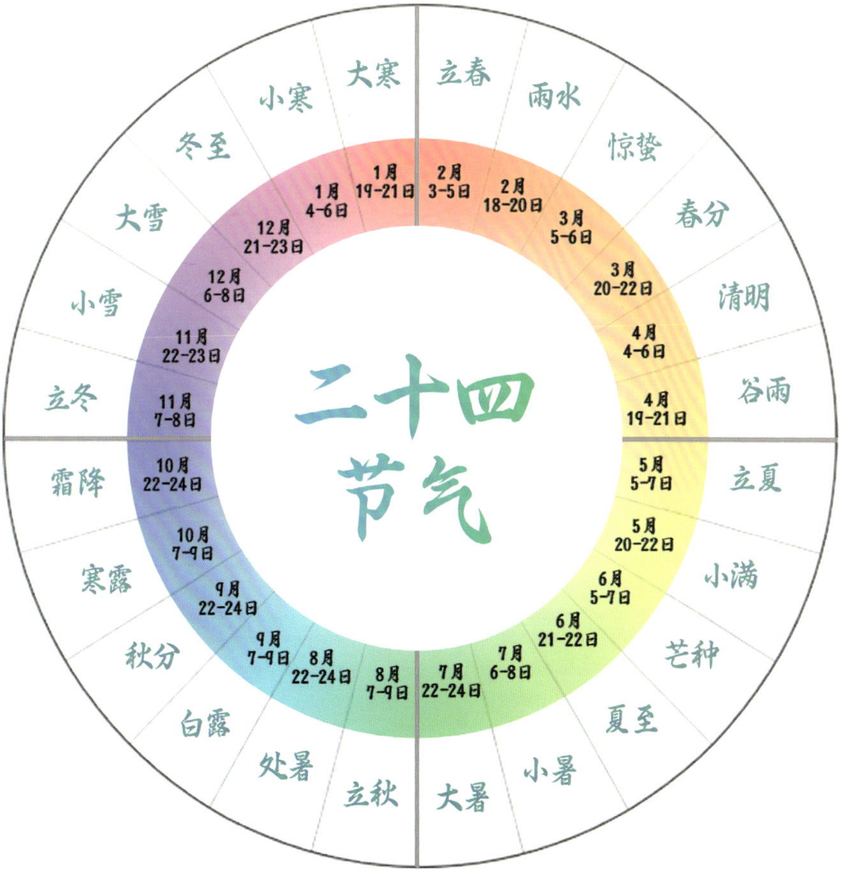

二十四节气示意图

09 公元2世纪，东汉墓室壁画中的相风铜乌是迄今发现最早的关于相风乌的实证。

中国古代把对风的观测称之为“相风”或“候风”。相风乌是中国古老的鸟形测风仪器。在我国，传说在舜禹时就有相风乌，用木制成鸟形，置于竿上，鸟能自由转动，其头所指即为风向。如《三辅黄图》卷二提到，汉长安城建章宫南有玉堂，屋顶有鎏金的铜凤凰，“下有转枢，向风若翔”。卷五提到，汉长安宫南有灵台，高十五仞，上有浑仪，张衡所制，又有相风铜乌，遇风乃动。文中提及的是东汉重新设计的另一种测风器——相风铜乌，安装在长安西北郊国家设立的灵台上，这种相风铜乌既能测风向，还能观测较大风的风力。而相风乌的实证，属东汉汉灵帝时期墓室壁画“府舍图”中的相风铜乌，一只相风铜乌立于瞭望楼上，壁画距今1800多年，是迄今发现最早的关于相风乌的实证。

东汉墓室壁画“府舍图”中的“相风铜乌”

东汉墓室壁画“府舍图”中的“相风铜乌”（修订图）

唐代李淳风《乙巳占》中还记载了木制相风乌的制作和应用方法：“竿首作盘，盘上作木乌三足，两足连上而外立，一足系羽下而内转，风来乌转，回首向之，乌口衔花，花旋则占之。”那时的相风乌，不仅能够根据朝向辨别风向，还可依据花的旋转快慢判断风速。本书编者 2024 年 5 月 23 日赴河南省汝州市考察调研时，发现在当地风穴寺（北宋所建）悬钟阁顶，一只铁制相风乌立于四轮风叶之上，体型修长，双翅舒展。据初步判断，极有可能是北宋原物。

河南省汝州市风穴寺悬钟阁铁制相风乌近景

英国著名科学史学家李约瑟曾指出，相风乌极有可能就是现代四转杯风向风速仪的先驱。由此可见，古老相风乌的设计理念和科学思想，一直深深影响着中西方测风仪的发展。世界气象组织（WMO）百年气象站徽标设计主体构成元素源自中国凤凰造型的相风乌（风向标），这一设计理念也在中国百年气象站中的牌匾中得以应用。

汉代也是我国古代观象机构发展的关键阶段。汉代在气象观测和天文历法革新领域取得了极大成果，形成了传世最早的体系化的代表作《史记·天官书》，创制了天文气象观测仪器，如观测风向的相风铜乌。汉代太史令及其下属灵台成为中国封建社会中最早形成体系的“气象机构”。

10 公元6世纪北魏时期，古人不仅了解气候对农业生产的影响，还提出利用不同的气候条件促进农业生产趋利避害。

南北朝时期，气候偏冷，自然灾害频发，农业生产受到严重破坏。邓拓著的《中国救荒史》统计：南北朝割据的169年间，水、旱、风、蝗螟、地震、霜、雹等灾害共达315次，频数最高的是水灾和旱灾，各77次，风灾33次，霜雪灾20次，雨雹灾18次，其他灾害90次。在这样的灾害背景下，北魏贾思勰（北魏青州益都人，今山东省寿光市人）著的《齐民要术》被称为那个时代的农业百科全书。《齐民要术》不仅详细地描述了不同地区农作物的物候特点，而且还体现了较为成熟的农业生产防灾减灾思想。例如“杂说”中提到“风、虫、水、旱，饥馑荐臻，十年之内，俭居四五，安可不预备凶灾也？”书中还记载了在下雨后刮北风，很有可能会出现霜冻的现象，并提出用熏烟防霜及积雪杀虫保墒的方法，保障农业生产。

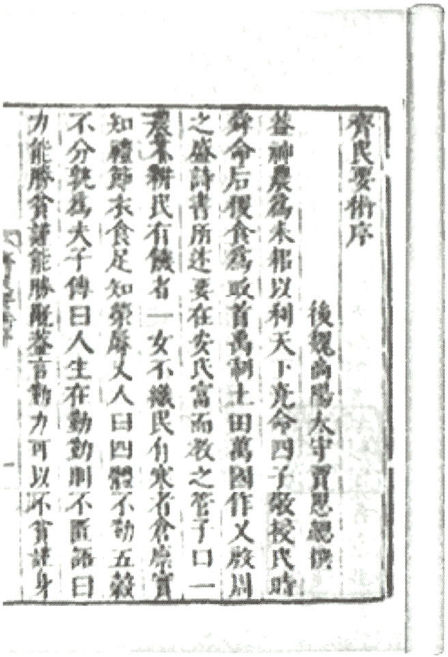
齊民要術序

後魏高陽太守賈思勰撰

蓋神農為耒耜以利天下堯命四子敬授民時舜命后稷食為政首禹制土田萬國作乂殷周之盛詩書所述要在安民富而教之管子曰一農不耕民有飢者一女不織民有寒者倉廩實知禮節衣食足知榮辱丈人曰四體不勤五穀不分孰為夫子傳曰人生在勤勤則不匱語曰力能勝貧謹能勝禍蓋言勤力可以不貧謹身

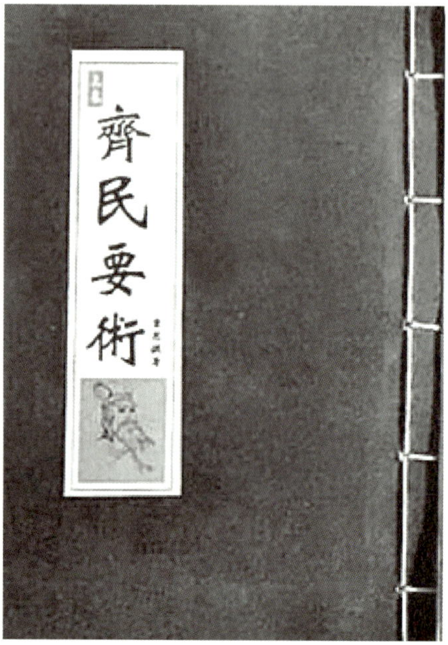

《齐民要术》记载农作物的物候特点及农业气象防灾减灾思想

11 公元7世纪，唐代李淳风创立8级风力标准，比西方风力等级标准制定早一千多年。

唐代李淳风（岐州雍县人，今陕西省宝鸡市凤翔区人），所著《乙巳占》是世界气象史上最早的专著，第十卷“风角”中描述的对风向和风速等的测量方法，一般被认为是中国最早将风力划分等级的描述。李淳风在古代“八风”基础上，结合八卦天干地支，进一步把风向明确为24个，创立8级风力标准。他根据风对树木的影响和损坏，将风分为动叶十里、鸣条（使树枝振动发声）百里、摇枝二百里、堕叶三百里、折小枝四百里、折大枝五百里、折木飞沙石千里、拔大树及根五千里8级。1140年后，英国人蒲福于1805年才把风力定为0 ~ 12级共13个等级。以后又几经修改，自1946年以来风力等级增加到18级。王鹏飞先生在《评唐代李淳风“占风情”方法》一文中采用现代的1里等于500米来计算出李淳风风级所代表的风速（见下表）。

李淳风（图片由 AI 工具绘制）

李淳风创立 8 级风力标准等级表

风力级数	风力名称
1 级	动叶
2 级	鸣条
3 级	摇枝
4 级	堕叶
5 级	折小枝
6 级	折大枝
7 级	折木　飞沙石
8 级	拔大树及根
加上无风、和风（微弱的风）共 10 级	

12

公元13世纪，南宋著名数学家秦九韶提出测量雨量的方法，“天池测雨”中描述的天池盆被认为是中国古代最早的雨量器之一。

公元13世纪，南宋著名数学家秦九韶（祖籍鲁郡，今河南省濮阳市范县），在《数书九章》中提出测量雨量的方法。《数书九章》第二卷中《天时类》共9题，与测雨相关的有4题，这4题分别是“天池测雨”“圆罂测雨”“峻积验雪”和“竹器验雪”。与降水相关的4问，让天池盆、圆罂、峻积和竹器4个测量器具成为有文字记载的最早的雨量器，其中“天池测雨”所描述的“天池盆”，提到“今郡州都有天池盆以测雨水，但知以盆中之水为得雨之数，不知器型不同，则受雨多少亦异”。“天池测雨”所描述的“天池盆”已经和现代气象观测所使用的雨量筒非常接近，且方法上采取“平地得雨之数”来测量雨水，堪称世界上最早的雨量计算方法，为后来的雨量测定奠定了理论基础。

宋代圆罂承雨器（图片由 AI 工具绘制）

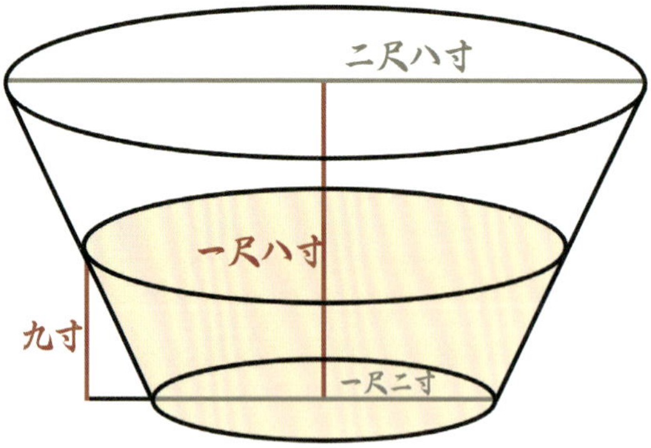

《数书九章》中天池盆示意图

13

公元13世纪后期，元代登封观星台是中国现存古老的天文台建筑之一，有保存完好的元代观测仪器，是中国古代验证和测量二十四节气的天文场所。

元代初期南北历法不同，农业上常用的节气不准。为了修订历法，服务农事活动，1276年，元代科学家郭守敬等发起并组织了大规模的全国天文测量，称为“四海测验”。据史料记载，这次测量范围“东至高丽（今朝鲜）、西极滇池（今云南）、南逾朱崖（今西沙群岛）、北尽铁勒（今俄罗斯）”，在当时的元代疆域之内27个地点进行。如今，这些测景台多已无迹可考，唯有位于今河南省登封市东南告成镇的测景台保存至今，即河南登封观星台，成为这段历史的唯一见证，是中国现存古老的天文台建筑之一。

观星台的主要功能是“昼测日影，夜观极星”，通过测量日影长度和观测星象，郭守敬编制了当时世界上最先进的历法——《授时历》。《授时历》测定的回归年长度为365天5小时49分12秒，与现代科学测定的回归年仅差26秒，比欧洲的格里高利历早了300多年。观星台所在的告成镇被认为是“天地之中”，古人认为这里是天文观测的理想的坐标原点。

周公测景台与观星台相距仅14.3米，始建于西周初年（约公元前1037年），周公姬旦为“测土深、正日景、求地中”而建，唐代（公元723年）仿西周形制重建为石质结构。周公测景台和观星台共同验证了“天地之中”的宇宙观，成为中国古代天文观测的重要象征。两者均以圭表测影为核心技术，通过测量日影长度确定节气与历法。周公测景台奠定了“二至二分”（夏至、冬至、春分、秋分）的划分基础，而观星台在此基础上进一步校准二十四节气，郭守敬编制了更精确的《授时历》，成为二十四节气的核心发祥地之一。

河南登封观星台为元代所建，是中国古代验证和测量二十四节气的天文场所

观星台创新之处在于增设横梁与凹槽，并配合“影符”（针孔成像装置），将日影测量误差缩小至2毫米以内。采用的“高表”和“量天尺”设计，表高40尺（约12.62米），圭长31.196米，通过放大日影长度，显著提高了日影测量精度。郭守敬还发明了

景符、仰仪等辅助仪器，进一步提升了观测的准确性。通过长期的日影测量，逐渐确立了冬至、夏至、春分、秋分等节气，为农业生产提供了重要的时间依据。作为元代国家天文工程，它推动了天文学与数学的融合，其测量数据至今被国际天文学界认可。观星台作为发源地，进一步彰显了其科学价值。登封“天地之中”的宇宙观通过观星台得到强化，成为中华文明“中”文化的物质见证。

14 14世纪明朝初期，提出“雨泽分寸”概念，雨泽奏报制度更加完善。

雨泽奏报是自秦汉以来就已形成的一个惯例，州县一级的官员必须定期向朝廷上报当地的降水情况，即所谓的“上雨泽”。明朝立国后不久，朱元璋下令各州县上奏雨泽，还对雨泽奏报格式作了具体规定，甚至详细至字数和纸张。据史料记载，洪武年间，奏报雨泽时，需奏报降水的时间，精确到时辰，奏报降水的尺寸，即降水量多少。明代提出的“雨泽分寸”的概念，是清代“雨雪分寸”制度的基础。

当时，雨泽奏报已经有明确的管理机构和从事人员。在中央，通政司为负责接收和上奏雨泽奏疏的机构。通政司要将地方州县的雨泽奏疏在第一时间内呈奏皇帝亲自阅览。最终负责管理和收贮雨泽奏疏的为六科中的户科。在地方，府、州、县负责雨泽观测和记录的机构是阴阳学，而具体实施的人员是阴阳生。州县治所之外的乡村，则是由里老等协助雨泽的观察上报。

“上雨泽”场景（图片由 AI 工具绘制）

15 14世纪中叶，明清《白猿献三光图》中保存了132幅云图，比欧洲的云图早500多年，是世界上现存最早的云图集。

《白猿献三光图》是明清时期流传的中国古代气象学的“可视化百科全书”，图集中每幅图以日、月、星（即“三光”）为背景，记录云的形态与天气的关联，结合云象特征预测天气变化。它将经验观察与科学逻辑相结合，其核心科学价值在于记载的132幅云图，绝大部分内容与现代气象学原理一致，其中云图的分类、锋面系统的描述等至今仍被现代气象学借鉴。这一成就领先欧洲近500年（欧洲首部云图集于1879年出版，仅含16幅图）。

《白猿献三光图》共分三部分。第一部分为《白猿风雨经》，通过观测日、月、星象结合云图预测天气，包含53幅观日图、16幅观月图等，每幅图上方用文字描述云象特征和天气预兆。例如图例“东西黑白云来掩日”描述锋面系统带来的暴风雨，与现代气象学中冷暖空气交汇原理一致。图例“雷霆挂榜”描述积雨云雷暴，对应强对流天气。图例“鱼鳞云”指卷积云，预示大风，与“云势若鱼鳞，来朝风不轻”的民间谚语一致。图例“黄白云如炮石”对应絮状高积云，预示冰雹天气，符合大气不稳定的科学解释。第二部分为《测天赋》，以骈文（对仗句式）总结天气征兆，例如“风多则合速，故雨大而疏”，每句附解释性文字，类似现代气象谚语。第三部分为另一个版本的《白猿经》，包含22幅观日占图、11幅观月占图等，说明文字置于图下方，图文排版更简洁。

我国古代很早就有云图，如马王堆三号汉墓出土的《天文气象杂占》中就包括一些云图。隋唐也有云图（如隋代有《日月晕珥云气图占》、唐代有敦煌残卷《占云气书》）。宋代有《天文占云气图》《占风云气候日月星辰上下图》《占风云气图》等。这些图都早于《白猿献三光图》，但它们或失传或残破，有的现有残存，但从说明的科学性及云图绘制的合理性来说，均不及《白猿献三光图》。

《白猿献三光图》中记录云的形态与天气的关联

16 公元17世纪后期，清初地理学家刘献庭在《广阳杂记》中记载甘肃土炮消雹情况。

《广阳杂记》中记载：“平凉一带，夏五六月间常有暴风起，黄云自山来，风亦黄色，必有冰雹，大者如拳，小者如粟，此妖也。土人见黄云起，则鸣金鼓，以枪炮向之施放，即散去。”我国古代先民早在数百年前就已经使用枪炮轰击雹云来防雹，并取得了很好的效果。《广阳杂记》是刘献庭的随笔札记，涉及明清时期的历史、典制、人物、地理、气象、音韵、医药等。在地理方面，不仅关心城邑、道路等“人事”，并能探索“天地之故”，即地理环境各因素的相互关系；对物候的迟早，雨旸的先后，皆有所论列。书中又力主兴修西北水利，认为是经理天下的要务。书中提到甘肃有一种土炮，是用泥土捏成圆球，里面装有火药和铁钉，用火绳点燃后投向空中，能发出巨响，用来驱散雹云。

《广阳杂记》记载的土炮消雹实践是中国古代应对冰雹灾害的方法之一，其消雹原理包含一定的科学性。爆炸产生的冲击波可扰乱云层气流，减少冰雹形成的条件；火药颗粒也可作为凝结核促进降水，这与现代人工防雹技术（如高炮发射碘化银炮弹）的原理部分相通。

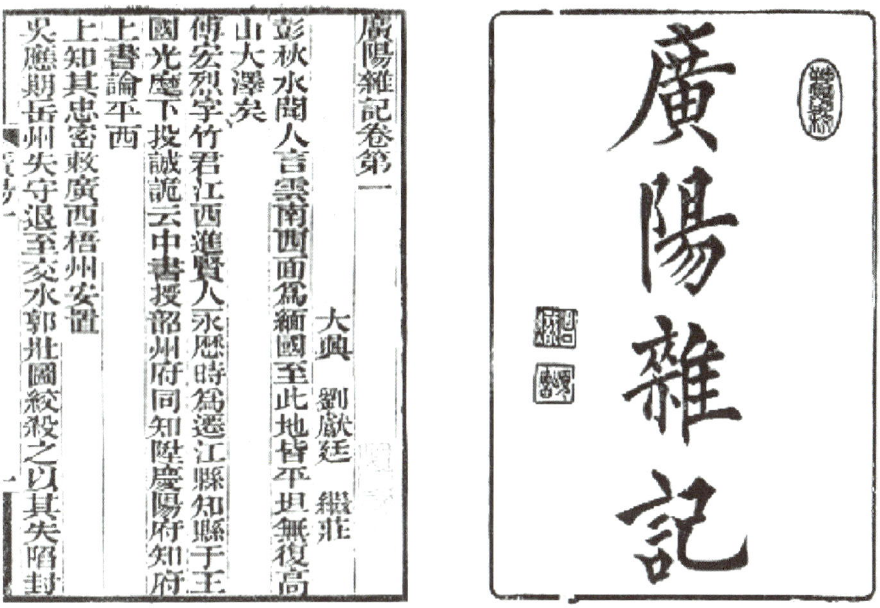
廣陽雜記

廣陽雜記卷第一
大興 劉獻廷 繼莊
彭秋水聞人言雲南迤西面爲緬國至此地皆平坦無復高
山大澤矣
傅宏烈字竹君江西進賢人永歷時爲遷江縣知縣于王
國光處下投誠詭云中書授韶州府同知陞慶陽府知府
上書論平西
上知其忠密救廣西梧州安置
吳應期岳州失守退至交水郭壯圖絞殺之以其失陷封

《广阳杂记》记载甘肃土炮消雹情况

近代和民国时期气象文化

JINDAI HE MINGUOSHIQI QIXIANG WENHUA

17 19世纪中后期，中国陆续建立近代测候机构。

19世纪中后期，中国陆续建立近代测候机构。1861年，葡萄牙军方医院为了研究发病率和气候的关系，建立了澳门测候所，开始系统的气象观测。英国于1886年在烟台猴矶岛、芝罘和威海成山头分设测候所。1898年（清光绪年间）德国占领青岛期间，德国海军港务测量部在青岛后海沿（今馆陶路）建立了皇家青岛观象台。这些测候所与国内更早建设测候所的澳门（1861年）、武汉（1869年）、上海（1872年）、福州（1880年）、汉口（1880年）、宜昌（1882年）、厦门（1886年）、台北（1896年）等共同组成了我国早期的气象观测站网，观测到的气象数据统一寄送上海徐家汇观象台，由徐家汇观象台收集整理。

山东省青岛观象台（青岛市气象局　提供）

18

19世纪末，青岛观象台建立，是天文、海洋和气象等事业的发源地，也是中国气象学会的诞生地。

青岛观象台自1898年建立以来，经历了北洋军阀时期、民国时期和抗战时期的半个多世纪，德、日、中三方几度易手，多次更名，历经战乱，其气象观测记录却相对连续和完整，它作为旧中国天文事业的发祥地和重要场所，见证了中国近代天文的兴起和发展。

1925年，《中国气象学会会刊》创刊，图为创刊封面（青岛市气象学会　提供）

1898年德国海军港务测量部在青岛后海沿（今馆陶路）建立了皇家青岛观象台，主要进行气象、天文、地磁、地震、潮汐和地形等观测研究工作。青岛观象台是我国第一个从外国人手中接管的近代观象台，曾与上海徐家汇观象台和香港天文台并称为“远东三大观象台”，在近代中国气象和海洋科学发展史上占有重要地位。青岛观象台于1914—1924年、1937—1945年曾两度被日本人占领。1924年5月，青岛测候所正式改名为胶澳商埠观象台，蒋丙然任台长兼任气象地震科科长。1924 年 10 月 10 日，中央观象台台长高鲁，以及蒋丙然、竺可桢等气象学界人士在青岛成立中国气象学会，它是我国最早成立的全国性自然科学学会之一。

作为当时中国规模最大、设备最先进、历史最久的唯一现代观象台，青岛观象台不仅是中国现代授时、太阳黑子观测、国际经度联测等天文研究的发源地，也是当时中国天文学界和天文爱好者进行学术探讨和研究的重要场所之一。青岛观象台 2020 年被世界气象组织认定为“百年气象站”。

中国气象学会诞生地外景图片
1924 年 10 月 10 日，中国气象学会成立大会在山东省青岛胶澳商埠观象台召开，会议选举产生第一届理事会，并成立各工作机构

19 1930年前后，黄河流域若干测候所纷纷建立。

测候所是指观测天气现象的站点场所，是观测站的一种。1930年前后，由竺可桢主持的中央研究院气象研究所通过自建、合建及协助地方建设的方式，在推动全国气象测候所建设方面取得了重要进展，黄河流域若干测候所纷纷建立。

1929年，中央研究院气象研究所接管了中德西北科学考察团在甘肃、宁夏等地的8个测候所，并于1930年1月开始接收其气象报告。1930年，中央研究院气象研究所与农业、航空等部门进行合作，例如与陇海铁路局合建开封测候所，以及与水利机构合建华北、西北测候所。1931年，西安测候所在西安革命公园内正式成立，由李毅艇筹办，后迁往兴平、南郑等地，为抗日战争提供了重要的气象资料。1932年8月，中央研究院气象研究所在山东省泰山玉皇顶建立测候所，这是我国第一座高山测候所，对研究高空气象和高山植物物候有重要意义。

竺可桢在全国筹建了28个直属测候所。1934年7月，中央研究院气象研究所在甘肃省新建肃州（酒泉）测候所；1935年，与航空公司在郑州、包头、宁夏（银川）等地合建测候所；1936—1941年，在青海、四川、甘肃、陕西等省新设立10余个测候所。这些测候所为中国人自主开展天气预报和台风预警奠定了基础。

山东省泰山测候所赵恕在玉皇顶道观大门前百叶箱旁留影，百叶箱左后方为无字碑

（山东气象学会　提供）

“国立中央研究院泰山测候所”印鉴（山东气象学会　提供）

20 1945年，中国共产党历史上第一个气象台——八路军总部延安气象台诞生。

1945年，为了支援抗日战争和美军飞行保障，中央军委在延安清凉山举办了第一期气象训练班，培养了中国共产党领导下的第一批气象工作者。同年9月，在延安凤凰山下，中央军委三局指定由张乃召负责，接收了美军观察组气象台，与毛雪华、周鲁女、曾宪波、邹竞蒙、陈涌珉组建了八路军总部延安气象台，建立了中国共产党历史上第一个气象台。这是我国人民气象事业的发祥地，开创了人民气象事业的先河。

新中国成立后，延安气象台转为地方建制，更名为陕西省延安气象站。延安气象台成立于炮火纷飞的战争年代，为新中国培育了一大批气象人才。其中，张乃召是延安气象台首任台长，被誉为中国气象工作的奠基人；邹竞蒙加入气象台时年仅16岁，后来任国家气象局局长，并在1983年世界气象组织第十次大会上当选第二副主席，并在此后连任两届主席。

八路军总部旧址

延安气象训练班周鲁女（右）、傅涌泉（中）、张丽（左）在放测风气球

（延安市气象局　提供）

当代气象文化

DANGDAI QIXIANG WENHUA

21 1976年，“75·8”河南特大暴雨会战研究，促进和催生了暴雨数值预报模式和动力统计预报的诞生。

1975年8月4—8日，在河南省西南部淮河上游的丘陵地区发生了一次特大暴雨过程（简称“75·8”暴雨），暴雨中心——驻马店市泌阳县林庄过程雨量高达1631毫米，其中最大日降雨量为1005.4毫米，创下我国大陆日降雨量的历史极值，该纪录至今未破。暴雨引发的洪水，造成板桥水库等10座水库群集体坍塌、京汉铁路中断、数百万人受灾，损失巨大。

“75·8”河南特大暴雨当时给全国气象界带来了极大的震动。1975年12月19—26日，在郑州召开了“75·8”河南特大暴雨会战碰头会，讨论了会战方案。会战分暴雨成因和暴雨预报两大部分五个重点课题和两个专题，会战分别在南京、北京、郑州三地先后进行。1976年从春至夏，由吉林省气象局和河南省气象局主持，吉林、河南、北京、安徽等省（市）气象局，北京大学、南京大学、南京空军气象学校、南京气象学院、华东水利学院等院校，中国科学院大气所、白山水电工程局、武汉军区空军司令部、中央气象局研究所、中央气象台等共计26个单位208名气象工作者和工农兵学员联合参加了大规模暴雨会战。相关人员多次赴河南进行现场考察，开展了历时半年之久的大规模分析与研究。会战研究结果表明，这次特大暴雨事件的主要推手是7503

1978 年全国科技大会奖状封面

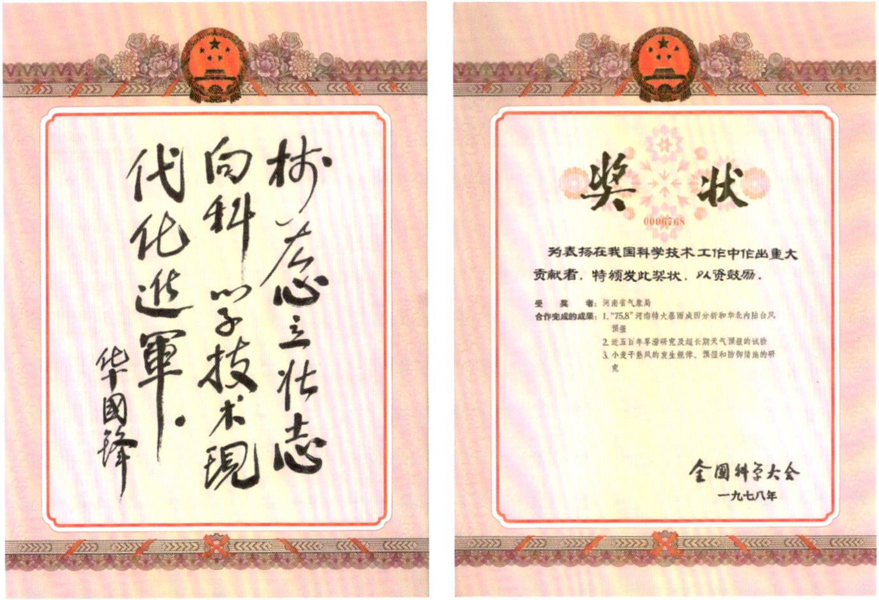

1978 年全国科技大会奖状，河南省气象局合作完成的成果荣获表彰

号台风莲娜（Typhoon Nina，国际编号：7503），同时也离不开不同尺度系统之间的相互作用：中纬度西风带槽脊系统的调整，使台风在河南境内停滞少动；高空槽前的辐散与台风低层的辐合叠加，进一步维持了上升运动；台风外围低层的东南急流和西南季风源源不断地提供水汽。此外，地形的影响也加强了暴雨。通过对“75·8”暴雨事件的研究，大大推动了中国暴雨中尺度研究的进展和业务的发展，促进和催生了暴雨数值预报模式和动力统计预报的诞生。这场暴雨事件对气象、地质、城市规划、救灾等领域都具有重要的研究价值和贡献，取得了多项研究成果，在中国暴雨研究的发展史上，占有十分重要甚至里程碑式的地位。

22 1979 年，中国进行第一次青藏高原气象科学试验。

1979 年 5—8 月，我国在青藏高原地区开展了第一次青藏高原气象科学试验（QZPMEX）。作为世界气象组织全球大气研究计划的南亚“季风试验（MONEX）”的一部分，这次试验是我国首次在青藏高原进行大规模的综合观测，获取了大量的实测资料，揭示了许多新的事实，如高原上空热量平衡、水分平衡、层结和边界层分布等异常的大气物理状态，以及高原对大气环流和亚洲季风变化的重要影响。这次科学试验是我国气象科技工作者跨部门、跨省（区）大协作的典范，取得了具有国际水平的科研成果，是我国高原气象事业发展史上的一个里程碑。1998 年、2014 年又先后开展了第二次、第三次青藏高原气象科学试验，持续开展覆盖青藏高原的全域科考，为研究高原气象作出了重大贡献。

青藏高原气象科学实验文集

中国气象科学研究院徐祥德院士担任总指挥，参加第二次青藏高原综合科学考察

（徐祥德院士　提供）

三江源区综合科学考察分队在中国气象局生态气象野外试验基地

（徐祥德院士　提供）

23 1994年，位于我国大陆腹地青海省瓦里关山的世界上第一个大陆型大气本底基准观测站——瓦里关站，正式投入运行。

瓦里关山，在20世纪80年代之前还是一个鲜为人知的地方，位于青海省海南藏族自治州共和县境内，海拔3816米。1979年2月，世界气象组织（WMO）在日内瓦召开了第一次世界气候大会，大会的主要论点就是人类活动将影响气候。至此大气中二氧化碳等温室气体含量的增加将导致全球气候变暖，逐渐成为80年代主流论点。80年代末，时任世界气象组织（WMO）主席即国家气象局局长邹竞蒙敏锐地指出，中国必须在内陆或高原建立一个全球性、高标准的大气本底基准观测站，加强全球对温室气体等大气参数的监测和气候变化及气候模拟的研究。该提议促成了中国、美国和WMO的会谈，签订了关于在中国西部山区建立全球大气本底监测基准站的合作计划。1992年起，经过气象人的不断努力，一座现代化气象试验监测基地——中国大气本底基准观象台伫立在高高的瓦里关山上。1994年，世界上第一个大陆型大气本底基准观测台——瓦里关站，正式投入运行，填补了全球大气本底监测在亚欧大陆腹地的空白。

该站是北半球唯一的内陆型大气基准观测站，是世界气象组织全球大气观测系统的29个大气本底基准观测站之一。迄今为止，已向全球提供了第一手的具有连续性、准确性、全球代表性

瓦里关站观象台石碑（青海省气象学会　提供）

瓦里关站（青海省气象学会　提供）

的大气 CO_2、CH_4、N_2O、SF_6、CO 稳定同位素等要素的长时间序列本底观测数据。利用其长期观测的 CO_2 等温室气体数据，绘制出 CO_2 年平均浓度变化的典型曲线“瓦里关曲线”，该曲线对全面掌握中国和全球温室气体浓度变化状况，以及准确测算温室气体排放源和吸收汇的动态变化具有非常重要的意义，是国家政策制定、环境外交等诸多方面的重要参考依据，为国际社会在气候变化问题上形成共识作出了贡献，对促进全世界减少温室气体排放、积极应对气候变化发挥了重要作用。

24

2018 年 5 月，中国气象局公布首批百年气象站名录，位于黄河中上游的呼和浩特国家基本气象站被列入世界百年气象站名录。

百年气象站是指能够长期连续开展至少一个气象要素观测的气象站，分百年站、七十五年站和五十年站三类认定。2018 年 5 月 30 日，中国气象局公布了首批百年气象站名录。经中国气象局认定，全国首批 433 个百年气象站名录中，呼和浩特国家基本气象站等 44 个气象台站位于黄河流域，并且呼和浩特国家基本气象站等 4 个国家基本气象站经世界气象组织认定，为世界百年气象站。百年气象站是气候与生态的忠实记录者，见证了百年来我国气象事业的发展，为中国乃至全人类保留了重要的历史文化遗产。

位于黄河中上游的呼和浩特国家基本气象站的历史最早要追溯到 1914 年 9 月 13 日。它由当时的绥远气象观测分所筹建成立，隶属于绥远省垦务总局和北京测候总所，1915 年 1 月正式开始气象观测，当时观测项目有气温、降水 2 项，所得气象资料参加全国各测候所资料交换。新中国成立初期，呼和浩特气象站的观测、预报业务主要为军事服务，对外保密。1964 年至 1973 年间，曾多次在我国原子弹、氢弹试验中承担辐射探空观测工作。1999 年 11 月 21 日，呼和浩特气象站为我国首艘“神舟”飞船着陆提供

1955 年呼和浩特气象站地面值班员王金华与同事身穿蒙古袍在观测场内合影
（呼和浩特气象站　提供）

世界气象组织授予呼和浩特气象站为百年气象站

了高空气象资料。此后，历次“神舟”飞船返回着陆，高空探测服务均由该站提供。随着时代变迁，呼和浩特气象站的军事色彩渐褪，除了服务重大国防、科研工程项目以外，该站也在保障重大活动、服务民生等方面提供气象服务。

25 2023年，黄河流域气象中心运行协调工作加强，明确流域中心职能定位。

2006年9月16日，承担守护黄河“母亲河”安危职责的气象业务专门服务机构——黄河流域气象中心（依托单位河南省气象台）在郑州正式成立，开展流域气象信息汇集和气象预测预报服务。2018年5月30日，中国气象局印发《关于加强黄河流域气象中心运行协调工作的通知》，明确流域中心职责定位，黄河流域气象中心依托河南省气象局，联合青海、甘肃、宁夏、内蒙古、山西、陕西、山东等省（区）气象局共同开展流域气象工作，中心主任由河南省气象局主要负责人兼任。该中心承担黄河流域气象信息汇集、业务建设、气象服务、科研交流、部门合作等职能。2020年9月16日，黄河流域气象中心举行挂牌仪式。

2023年4月19日，中国气象局党组印发《中共中国气象局党组关于黄河流域气象中心调整优化工作实施方案的批复》，黄河流域气象中心机构设置维持不变，仍由河南省气象局牵头。运行机制上强化组织领导，黄河流域气象中心设主任1名，由中国气象局分管气象防灾减灾工作的副局长兼任；设置副主任1名，由河南省气象局主要负责人兼任。职能定位上围绕天气联防、服务联动、会商组织、平台建设、信息共享、生态保护、科技创新等共性需求，开展协同攻关，切实提升上下游、左右岸一体化气象保障能力，更好地发挥气象在全流域经济社会高质量发展中趋利避害的作用。

2006 年 9 月 16 日，黄河流域气象中心举行揭牌仪式（周爱春 提供）

2020 年 9 月 16 日，黄河流域气象中心举行挂牌仪式（周爱春 提供）

致　谢

黄河奔流，千年不息；文化传承，薪火相继。在《黄河千年气象文化印记》付梓之际，回首这部图书从构想到成书的漫漫历程，我们心怀感恩，谨向所有为本书贡献智慧、提供支持的单位与个人致以最诚挚的谢意。

本书的诞生离不开前人对黄河气象文化的深耕与探索。我们由衷感谢中国气象局、黄河流域各省（区）气象部门的专家学者，是你们数十年如一日的数据积累与研究成果，为本书奠定了坚实的科学基础。特别感谢参与本书编撰指导的资深学者赵国强、王鹏祥、陈怀亮和陈正洪老师，你们以渊博的学识和严谨的治学态度，为全书框架、内容考据提供了关键指引，让历史脉络与气象科学在书页间交织生辉。

同时，感谢沿黄9省（区）的文化团体，你们的努力与热情为我们提供了丰富的第一手资料，使我们能够更全面地呈现黄河气象与文化的深厚底蕴。本书图片除注明来源部分，还有部分图片来自Wikimedia commons及其他无特定版权声明的网页等处，感谢那些为我们提供珍贵图片的志愿者，你们的镜头捕捉了黄河周边壮丽的自然景观和人文风情，让本书的画面更加生动和立体。感谢每一位关注和支持《黄河千年气象文化印记》的读者，正是因为你们对黄河文化的热爱与传播，才让这一富有历史与文化价值的书籍得以问世。

最后，致敬母亲河！

谨以此书致敬中华民族的母亲河——黄河。她以奔腾的浪花书写气象万千，以沧桑的河床铭刻文明密码。我们深知，本书仅是撷取了她浩瀚长卷中泛起的一道波纹，唯愿这份努力能成为传承黄河文化的一粒火种，唤起更多人对自然敬畏、对文明守护的共鸣。

纸短情长，感恩无尽；山河为证，文化长青。

《黄河千年气象文化印记》编写委员会

二〇二五年一月

附　录

黄河气象文化时间线

1. 公元前 8000 年，人类先后进入新石器时代。河南省漯河市舞阳县贾湖遗址出土的龟甲残片上出现了“日”字符号。
2. 距今 6500 多年前，河南省濮阳市濮阳县西水坡遗址出土的古墓中惊现龙虎天象图。
3. 公元前 21 世纪，中国现存最早的古观象台遗址位于黄河中下游。
4. 公元前 14 世纪晚期至公元前 11 世纪中期，最早的“天气预报”始于殷商时期的一片甲骨。
5. 公元前 8 世纪，《易经》《山海经》《尚书》《尔雅》《诗经》等古代文献中都记载有大量物候知识和气象信息。
6. 公元前 3 世纪，战国时期的《吕氏春秋》提出云的形状分类，是世界上最早关于云的分类法。记录的“冰瓶”被视为现代温度计的雏形。
7. 公元前 3 世纪晚期，秦朝实行“报雨泽”制度，被认为是我国古代最早系统化的雨泽上报机制。
8. 公元前 2 世纪西汉时期，二十四节气基本完备成熟，并在思想、天文历法，以及气候和农业时令方面产生了广泛的影响。
9. 公元 2 世纪，东汉墓室壁画中的相风铜乌是迄今发现最早的关于相风乌的实证。
10. 公元 6 世纪北魏时期，古人不仅了解气候对农业生产的影响，还提出利用不同的气候条件促进农业生产趋利避害。
11. 公元 7 世纪，唐代李淳风创立 8 级风力标准，比西方风力等级标准制定早一千多年。

12. 公元 13 世纪，南宋著名数学家秦九韶提出测量雨量的方法，“天池测雨”中描述的天池盆被认为是中国古代最早的雨量器之一。
13. 公元 13 世纪后期，元代登封观星台是中国现存古老的天文台建筑之一，有保存完好的元代观测仪器，是中国古代验证和测量二十四节气的天文场所。
14. 14 世纪明朝初期，提出“雨泽分寸”概念，雨泽奏报制度更加完善。
15. 14 世纪中叶，明清《白猿献三光图》中保存了 132 幅云图，比欧洲的云图早 500 多年，是世界上现存最早的云图集。
16. 公元 17 世纪后期，清初地理学家刘献庭在《广阳杂记》中记载甘肃土炮消雹情况。
17. 19 世纪中后期，中国陆续建立近代测候机构。
18. 19 世纪末，青岛观象台建立，是天文、海洋和气象等事业的发源地，也是中国气象学会的诞生地。
19. 1930 年前后，黄河流域若干测候所纷纷建立。
20. 1945 年，中国共产党历史上第一个气象台——八路军总部延安气象台诞生。
21. 1976 年，“75·8”河南特大暴雨会战研究，促进和催生了暴雨数值预报模式和动力统计预报的诞生。
22. 1979 年，中国进行第一次青藏高原气象科学试验。
23. 1994 年，位于我国大陆腹地青海省瓦里关山的世界上第一个大陆型大气本底基准观测站——瓦里关站，正式投入运行。
24. 2018 年 5 月，中国气象局公布首批百年气象站名录，位于黄河中上游的呼和浩特国家基本气象站被列入世界百年气象站名录。
25. 2023 年，黄河流域气象中心运行协调工作加强，明确流域中心职能定位。

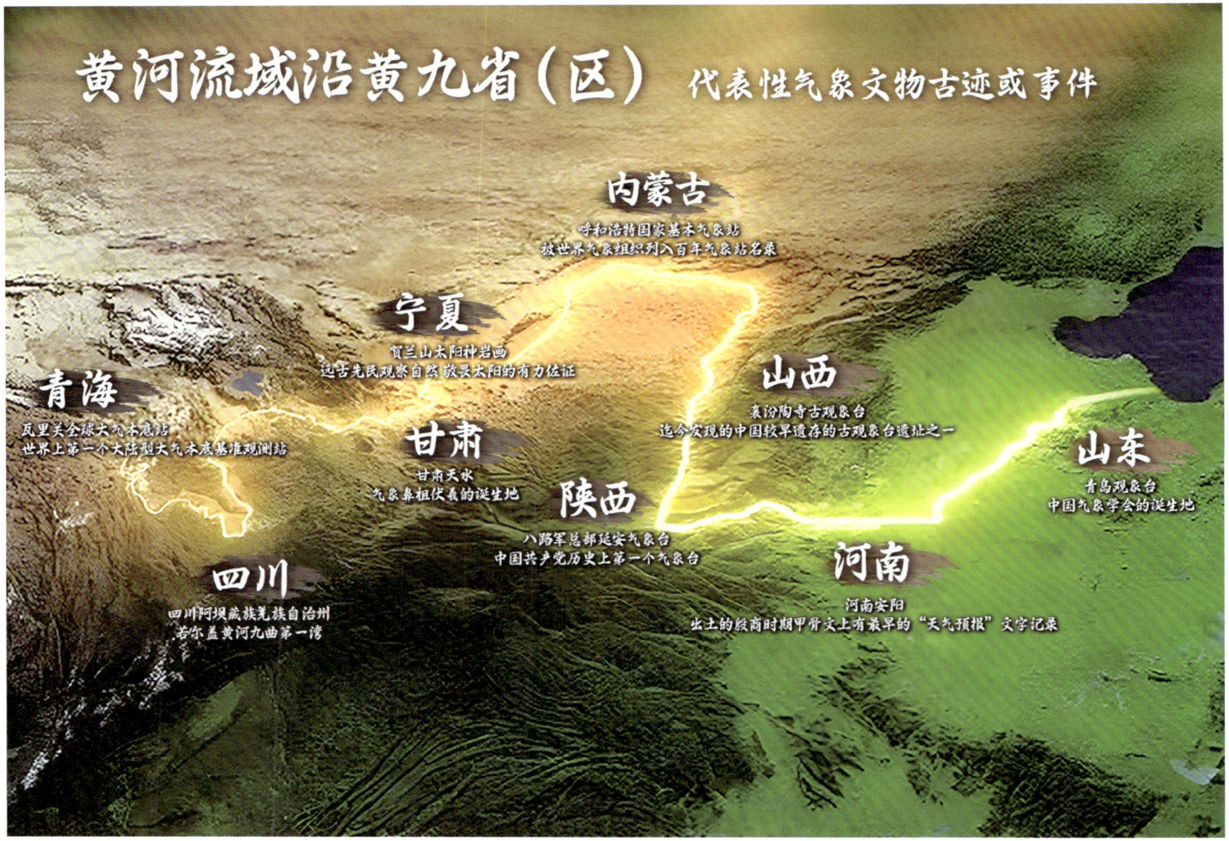

附录图：黄河流域沿黄九省（区）代表性气象文物古迹或事件

参考文献

[1] 冯凭，吴长旗．舞阳龟甲刻符初探 [J]. 中原文物 ,2009(3):51-58.

[2] 张居中，王昌燧．试论刻画符号与文字起源——从舞阳贾湖契刻原始文字谈起 [J]. 中国书法 ,2001(2):47-48.

[3] 朱磊．中国古代北斗信仰的考古学研究 [D]. 山东：山东大学 ,2011.

[4] 俊杰，建民．阏伯台 [J]. 商丘师范学院学报 ,2012,28(10):4.

[5] 刘芳．火神与阏伯台 [J]. 旅游纵览 (下半月),2013(4):264.

[6] 秋慈．探寻世界最早的古观象台 [J]. 科学之友 (上半月),2020(5):66-67.

[7] 李勇．世界最早的天文观象台——陶寺观象台及其可能的观测年代 [J]. 自然科学史研究 ,2010,29(3):259-270.

[8] 郭起豪．气象预报史话：从占卜到科学 [J]. 大众科学 ,2016(3):20-22.

[9] 李忠明，相婷婷．气候变化视野下的《山海经》神话研究 [J]. 江苏第二师范学院学报 ,2018,34(2):13-20,124.

[10] 朱稚冉．《诗经》中的气象要素描写研究 [D]. 锦州：渤海大学 ,2018.

[11] 霍寿喜．古人如何观云测风识雨晴 [J]. 书屋 ,2023(9):83-85.

[12] 刘炳涛．明代三则雨泽奏疏浅析 [J]. 历史档案 ,2013(4):118-120.

[13] 陈正洪．气象科学技术通史 [M]. 北京：气象出版社 ,2020.

[14] 盛立芳，赵传湖．二十四节气形成过程——基于文献分析 [J]. 气象史研究 ,2021(1):129-139,267-268.

[15] 彭林．二十四节气彰显中华文明的独特性与生命力 [J]. 人民论坛 ,2024(1):105-109.

[16] 黄卫，黄缨童．一只早飞千年的鸟 [M]. 北京：清华大学出版社 ,2022.

[17] 相婷婷，李蓓蓓．我国古代观象机构的设置与演化[J]. 气象科技进展,2023,13(5):75-76.
[18] 邓拓．中国救荒史[M]. 武汉：武汉大学出版社,2012.
[19] 田琼.《齐民要术》中的抗御灾害思想探析[J]. 农村经济与科技,2018,29(17):72-75.
[20] 王水霞，殷淑燕，赵芮芮．《齐民要术》中农作物物候记载及其气候变化指示分析[J]. 江西农业学报,2017,29(5):94-100.
[21] 许椒桐．唐朝李淳风风力等级计算知识科普与补正[J]. 科技视界,2022(33):14-17.
[22] 王鹏飞．清代方测雨器、方蒸发器[J]. 南京气象学院学报,1991(3):359-364.
[23] 肖骁．登封四丈高表与圭表测影[J]. 自然科学博物馆研究,2020(4):77-84,99-100.
[24] 曹书敏．告城观星台天文测量与探究[M]. 郑州：河南人民出版社,2017.
[25] 关增建．登封观星台的历史文化价值[J]. 自然辩证法通讯,2005(6):80-84.
[26] 刘炳涛．明代雨泽奏报制度的实施[J]. 历史档案,2015(4):121-123.
[27] 续修四库全书编委会．续修四库全书[M]. 上海：上海古籍出版社,1996:284.
[28] 王鹏飞．中国古代气象上的主要成就[J]. 南京气象学院学报,1978(1):143-153.
[29] 刘昭民．我国先民怎样防雹？[J]. 气象知识,2007(5):46-47.
[30] 陈益玲，李长军，周笑天，等．民国时期山东济南气象测候所探赜[J]. 气象科技进展,2022,12(5):181-184.
[31] 冯玉坤．青岛观象台的早期历史和对中国近代天文的贡献[D]. 南充：西华师范大学,2023.

[32] 沈冰冰，张静，颜惠玲，等．青岛观象台的历史沿革与贡献研究 [J]. 气象科技进展，2016,6(4):44-45.

[33] 王东，丁玉平．竺可桢与我国气象台站的建设 [J]. 气象科技进展，2014,4(6):67-73.

[34] 吴勇征．西安测候所和李仪祉先生 [J]. 陕西气象，1993(1):12.

[35] 李宝峰．我军历史上的第一个气象台 [J]. 炎黄春秋，2023(2):57-60.

[36] 董杰，陶泉，刘怀玉，等．新中国气象科技人才培训历程 [J]. 气象科技进展，2022,12(2):73-75.

[37] 丁士晟．75.8 河南特大暴雨会战 [J]. 气象科技资料，1976(3):29.

[38] 丁一汇．论河南"75.8"特大暴雨的研究：回顾与评述 [J]. 气象学报，2015,73(3):411-424.

[39] 李泽椿，谌芸，王新敏，等．从"75·8"到"21·7"的思考 [J]. 气象与环境科学，2022,45(2):1-13.

[40] 朱福康，黄福均，刘富明．青藏高原气象科学实验十年 [J]. 气象，1990,16(3):29-30.

[41] 娄海萍，黄志凤．瓦里关全球大气本底站建站历史及成就回顾 [J]. 气象科技进展，2023,13(4):10-11.

[42] 余亚庆．呼和浩特气象站 [N/OL].(2017-05-25)[2017-05-25].www.cma.gov.cn/2011xzt/2017zt/20170525/2017052502/201705/t20170525_415118.html.

[43] 中国气象局．中共中国气象局党组关于黄河流域气象中心调整优化工作实施方案的批复 [Z]. 2023-04-19.